超級工程 MIT 01
穿越雪山隧道

文　　黃健琪
圖　　吳子平

社　　長　　陳蕙慧
副總編輯　　陳怡璇
主　　編　　胡儀芬
責任編輯　　張莉莉、胡儀芬
工程師大考驗撰稿　　張莉莉
審　　定　　高憲彰、鍾文貴
行銷企畫　　陳雅雯、尹子麟、張元慧
美術設計　　鄭玉佩

出　　版　　木馬文化事業股份有限公司
發　　行　　遠足文化事業股份有限公司（讀書共和國出版集團）
地　　址　　231 新北市新店區民權路 108-4 號 8 樓
電　　話　　02-2218-1417
傳　　真　　02-8667-1065
E m a i l　　service@bookrep.com.tw
郵撥帳號　　19588272 木馬文化事業股份有限公司
客服專線　　0800-2210-29

印　　刷　　凱林彩色印刷股份有限公司
2020（民 109）年 4 月初版一刷
2024（民 113）年 7 月初版十一刷
定　　價　　450 元
I S B N　　978-986-359-794-0

國家圖書館出版品預行編目（CIP）資料

超級工程 MIT. 1, 穿越雪山隧道 / 黃健琪文 ； 吳子平圖 .
　— 初版 , —— 新北市 ； 木馬文化出版 ； 遠足文化發行 , 民 109.04
面 ； 公分
ISBN 978-986-359-794-0（平裝）
1. 隧道工程 2. 通俗作品
441.9　　　　　　　　　　　109004427

超級工程
MIT
01

穿越
雪山隧道

文／黃健琪　　圖／吳子平

　　身為記者，我採訪過多種不同類型的題材，寫過許多專題報導，同時我也是作家，為小朋友編寫兒童讀物許多年。我常常要閱讀和查詢非常多的資料，也要時時注意目前社會、國際發生了哪些事情，又有哪些事情是我們很關心、小朋友想要知道的。當我寫完《孩子的第一套 STEAM 繪遊書——火車鑽進地底下》之後，我發現工程的世界實在太吸引人了，最直接的魅力就是那些工程的機械器具，例如挖地鐵隧道的潛盾機，展現了當時的工程技術，也展現了人類如何克服艱難的條件達成任務的智慧。

　　我興致勃勃和出版社編輯分享我的感受，以及我在撰寫時對於國內太少這類圖書可供閱讀的困擾。另一方面來看，喜愛交通運輸、建築工程類型圖書的孩子，看完童書好像也就沒有銜接的閱讀素材了。「何不企劃工程類型的圖書給孩子呢？」於是，我就理所當然的成為《超級工程 MIT》的作者了。

　　說到工程，並非我的專業，所以要能夠快速進入工程的領域，我們都認為就從台灣的工程下手，而能名列台灣超級工程之首的，我想非雪隧莫屬。雪隧到底是個什麼樣的隧道，為什麼花了這麼多人力、物力、時間、金錢建造；台灣隧道這麼多，為什麼獨獨只有雪隧在通車前後，都能占據新聞版面；為什麼雪隧工程延宕的報導，總是會出現「抽坍」、「湧水」這兩個詞，這是我身為讀者時對雪隧報導的印象，卻有好多不理解的地方。

直到撰寫《超級工程 MIT》，回頭閱讀這些新聞細節和查詢各種資料，我才驚覺以前因為不懂專有名詞，錯過了許多故事。不知怎麼的，從這時候開始，我化身成了本書的記者追追，一發不可收拾的，一篇接著一篇的查下去，親自走了趟雪山隧道，還去拜訪了雪隧文物館，遇到不懂的地方還找了許多專家詢問。

　　除了工程的艱難外，雪隧也締造了許多在當時的創舉：為了能讓雪隧主坑貫通，工程人員得先挖導坑；使用傳統鑽炸法，又派了巨大的 TBM 機器巨獸挑戰難纏的四稜砂岩；為了讓雪隧通氣，挖了可以塞進台灣最高的 101 大樓的豎井……無數的工程人員，24 小時輪班，耐著高溫，泡在水裡，才終於讓雪隧貫通，這麼偉大的隧道工程，《超級工程 MIT》怎麼能少了它。

　　我希望小讀者喜歡這本書，能夠透過台灣超級工程的建造過程，去探索你自己的能力、潛力和未來生活的可能性，我也希望大讀者和我一樣，因為閱讀這本書，讓工程不再只是個讓人過目就忘的名詞，而是個對你有意義，能成為激發你關心和了解台灣工程建設的動力。跟著化身為追追的我，一起去看看台灣的雪山隧道，了解隧道工程會遭遇的挑戰，隧道工程的應用，以及台灣與世界各國隧道的過去與現況。

在企劃製作《孩子的第一套 STEAM 繪遊書》時，我們發現工程類的題材很受小朋友喜愛，但是市面上關於此類型的圖書付之闕如，而我們認為，工程其實是最符合目前教育部推動的跨領域學習的生活應用題材。

工程建設是由需求出發，例如解決交通問題、改善生活品質、節省行車時間、降低污染等等，要解決這些問題，不僅只是進行公共建設而已，還需考量一個區域的整體利益、居民生活型態、生態環境保護、施工的技術與費用等等，是十分全面的思考與計劃，如果能透過選題和企劃，提供孩子一個跨領域思考問題的過程，那麼孩子會對他自己的學習和未來生活有更緊密的連結。剛好《火車鑽進地底下》、《不能再斜的比薩斜塔》作者也和我們有著同樣的想法，於是我們就合作著手進行了《超級工程 MIT》的企劃。

在企劃與製作期間，我們一次又一次確認選擇從台灣出發的「工程」是正確的，因為這和生活在這塊土地上的我們息息相關，了解這些工程更多，就更能認識我們的家園；更因為這些工程都是當時非常具有意義的指標，例如本書介紹的台灣首度挖掘超過 10 公里的雪山隧道，以及之後陸續出版的斜張橋、101 大樓、高速鐵路等，無論是工程技術的進步，或是施工品質的精進等等，都是將「MIT 台灣製造」推向更具品質的保證。

在製作本書的期間，全球正受到 2019 新型冠狀病毒（COVID-19）的威脅，每個國家也正竭盡所能的控制疫情、保護人民。此時此刻，台灣也因為「國家隊」的團隊合作，在口罩等醫療物資的生產，展現出非常的效率與技術，在病毒大流行之前就確保了我國防疫物資的充足，並在國際間展露頭角。

而我們更希望大家可以看到的是，台灣不只有「口罩國家隊」，每個工程所面臨到的任務不比面對疫情簡單，每一次的工程危機都是靠著工程人員想方設法解決，每一個工程任務的成果都足以躍上國際舞台，他們都是「國家隊」！這也是這系列圖書要帶給孩子的，不只是知識、方法，還有情感與態度。

希望這系列圖書滿足每個有工程師夢想的孩子，也希望可以滿足想要了解台灣更多的你。🪝

小木馬日報記者
卜方企
PRESS

★綽號：追追　★血型：O型　★生日：3月21日
★喜歡事物：炸蝦、遊樂園、推理小說
★座右銘：追新聞，追到天涯海角。
　　　　　追真相，不鬆懈不放棄！

最自豪的事：深入報導台灣超級工程

一座隧道、一座橋或是一條高速公路，這些龐大的公共建設，由於大家天天使用，變得習以為常，反而容易被人忽略了它的重要性以及背後的艱辛完工過程。昨日我自己也在雪隧事故現場，再次感受到這些建設工程的危險性，以及工程人員冒死工作的真實現況。

卜方企，追追又熬夜了，好不容易在中午前整理完手上的報導，正要起身離開辦公室時，桌上的電話急響，他只好又轉回座位接起電話：「什麼？坪林隧道（註1）又出事了？……好，我馬上趕去頭城支援採訪……。」

哪裡有新聞，哪裡就有我！

追追掛上電話，在筆記本空白頁寫上：「1997 年 12 月 15 日，前往坪林隧道主坑西行線（註2）採訪」，接著找出「坪林隧道資料」檔案夾和一盒便利貼，全塞進公事包裡，急忙跳上採訪車趕赴頭城。

上北宜公路前，追追吞了顆藥丸，喃喃的說：「不吃暈車藥，等一下要開上九彎十八拐的北宜公路，我在中途應該就會嘔吐了。希望坪林隧道趕快完工，有條平直的大路，從台北就可以快點到宜蘭。」

不過，追追隨即想到不是所有人都這樣想，有些人因為環保的因素，就不希望坪林隧道開挖。他們認為繼續開挖，雪山山脈的水會流乾，翡翠水庫就可能會進入枯水期，以後台北就無水可用。到底開通坪林隧道是好是壞，一時也還難以定論吧。

採訪車飛快的在北宜公路上彎來彎去，在下午 2 點左右終於抵達坪林隧道的頭城工地。

隧道口看起來有些凌亂，工程人員匆匆忙忙的進進出出，追追好不容易找到一位剛從隧道裡出來的大哥，抓著他就問：「我是記者卜方企，請問裡面發生什麼事情？」

大哥穿著雨衣，全身溼漉漉的，沒好氣的回答追追：「裡面狀況不太好，說不定等下還要進去，沒空回答你啦！」大哥說完，頭也不回的就要離開。

追追仍不死心，追著大哥問：「大哥，裡面狀況到底有多不好？可以跟我說嗎？」

大哥走得飛快，邊走邊說：「這裡的地質複雜，我們要先處理排水和灌漿，我們也很快的把事情做好了啊！可是這次怪怪的……」

追追忍不住問：「哪裡怪？」

「跟你說你也不會懂啦！你知道什麼是預鑄環片嗎？」追追蹙著眉，搖搖頭。

「就說你不懂吧！是撐住隧道的水泥預鑄環片，那裡有裂縫，而且越來越大，出水越來越多。」大哥的語氣中帶著一絲驚恐。

「裂縫？那裡有裂縫會怎麼樣？」追追從大哥的回答中也隱約覺得大事不妙。

「沒有人知道會怎麼樣啦！」大哥對追追的問題有些不耐煩，搖搖手，要追追別再問了。

追追看大哥緊閉著嘴，知道問不出所以然，但是他不會就此放棄的。

註1：雪山隧道在 2000 年之前稱為坪林隧道。
註2：隧道通車後，西行線改名為北上線，東行線改為南下線。

追追看了一眼手上的手錶，指針在 2 點 45 分，心裡正愁著如何找下一位受訪者採訪，耳朵就聽到一陣悶悶的巨響，追追不安的看向隧道口，轟隆轟隆、嘩啦嘩啦一陣落石聲響，從隧道內傳了出來！

追追直覺要往後退，但是有工作在身，好像不該跑，正猶豫的時候，就看到裡面一群人，不要命似的，往隧道口衝來。

追追看呆了，此生從來沒見過這樣的景象，隱約聽到有人叫著：「往外跑啊！往外跑啊！」

這群人跑到洞口的空曠處，有些人癱軟的跌坐在地上，有些人兩眼無神，呆若木雞，還有些人痛哭流涕的擁抱彼此。

追追也嚇傻了，都忘了要把事情記錄下來。不一會兒，追追回過神來，趕緊抓著人問：「我是記者，隧道裡發生什麼事情？」

這時有人回他：「剛剛真是好險，突然斷電，隧道裡完全看不見，伸手不見五指，有人手上有手電筒，我就跟著手電筒的光拚命跑，才沒有被土石流吞噬。」

有人說：「不知道大家是不是都安全，這次真是太危險了，TBM 盾頭那裡大湧水，昨晚已經停工，剛剛環片根本撐不住湧水，直接掉落，我只好趕快跑。」

還有人說：「我本來是噴漿的，聽到長官大叫往外跑，我轉身立刻就跑，身後轟隆轟隆聲像打雷一樣。」

眾人七嘴八舌的，追追趕快做筆記與採訪，隨後心有餘悸的離開頭城，飛車趕回台北，趕忙完成了這篇報導。但也因為這次事件，坪林隧道工程是否能繼續進行，再度成為人們的焦點。

1997 年 12 月 16 日

小木馬日報

坪林隧道再次抽坍，10 億元 TBM 泡湯！

記者／卜方企

圖片來源／交通部高速公路局

坪林隧道主坑西行線，TBM 盾頭附近，12 月 14 日晚間湧水不斷，水泥預鑄環片龜裂，15 日下午 2 點 45 分時，終於撐不住開挖斷面，最後水泥預鑄環片落下，地下湧水以每秒 300 公升的速度湧出，夾帶岩塊泥漿滾滾而下。價值 10 億的 TBM 硬生生被水與泥埋住了。

目前湧水和抽坍已逐漸穩定，工程人員用沙袋在出口處引導湧水，並架設支撐補強。昂貴的 TBM 是否還能使用，待國工局和榮工處檢視後，才知道損壞的程度。這次的抽坍事故是否會造成工程延宕，仍待觀察。

跟我去追查坪林隧道吧！

一場追蹤台灣超級工程的旅程即將展開，跟著追追的採訪調查，揭開雪山隧道不為人知的祕密！

13

公路太危險，那就挖隧道

台灣東側一直被稱作是台灣的後山，因為進出要通過阻隔在蘭陽平原與台灣西部地區的雪山山脈，交通非常不方便。在早期沒有汽車、火車的年代，有些路段，連牛車都不能通過，只能靠雙腳從台北淡水走到宜蘭，翻山越嶺一趟就要費時三天，往返就要六天。

到了一百年前，路面才開始加寬、改善急彎和加鋪簡易的碎石路面。慢慢成形的這條「北宜公路」，沿著山路開發，高低起伏、彎彎曲曲，車輛行經曲折蜿蜒的山路，有的路段看不出彎處，有的地方視線不良，還有難行的 U 型彎、彎中彎，九彎十八拐，當車子走完早已頭昏眼花，搭車的人暈車嘔吐是常有的事情。遇上下雨起霧，偶爾還有山上落石，那真是險象環生。

1979 年，北部濱海公路通車後，終於有了其他選擇。但是這條路為了遷就地形，路面寬窄不一，而且路上常有大卡車奔馳，兩車相會，險象環生，也不見得安全。加上雖有鐵路，卻常常買不到火車票。

如果能有一條直接穿越雪山山脈的隧道就好了，很多人都打著這個主意，但這並不是一件簡單的事。

—— 濱海公路
淡蘭古道
—— 北宜公路

危險彎道

！六大危險彎道

棲霞彎
菩薩彎
檳榔彎
茶壺彎
髭鬚彎
財茂彎

在雪山隧道未開通前，西部前往宜蘭有三條路線：北宜公路、濱海公路、東部鐵道，以及步行的淡蘭古道。

雪山隧道要選哪一條路線

規劃路線	評選項目（◆優點 ◇缺點）	評選結果
路線 1	◆運用原有的北宜公路，將道路拓寬，省錢、省時！ ◇彎道多，路線曲折。 ◇靠近河川，影響翡翠水庫的水源。	淘汰
路線 2	◇經過溫泉，施工恐會影響溫泉流向。 ◇地下溫泉也會增加施工難度。	淘汰
路線 3	◇需開挖長隧道，時間和金錢花費大。 ◇地質複雜，施工不易。 ◆駕駛出隧道口，能看見龜山島的怡人景觀。	有問題！ 隧道口面對東方，太陽強光會讓駕駛一時睜不開眼睛，造成交通意外。
調整路線 3	◆路線 3 出口往南移，解決強光問題。 ◆可銜接頭城、蘇澳延伸的高速公路。	定案

開挖長隧道是一個更大的考驗！

路線 1
路線 2
路線 3
調整
路線 3

圖表資料來源／交通部高速公路局

＊光是決定雪山隧道的路線，就是一件大工程呢！

沒有別條路嗎？！

再忍耐一下，雪山隧道還沒有完成前，這條是近路呢！

小木馬日報

北宜公路老是摔

一名年輕騎士在坪林路段過彎時，不慎自摔撞上對向車道的護欄，傷勢嚴重。

挖長隧道向他國取經

配合選定的路線，工程人員必須在坪林和頭城之間，開鑿一條長公路隧道。不過台灣對開鑿長隧道的經驗還不夠豐富，在開挖前汲取世界各國經驗，可以少走很多冤枉路。

哪一國是挖隧道高手？

我們北韓挖地道，可是神祕出了名，要挖幾十公里的隧道都沒問題！

要比地下挖掘，南非為了挖掘鑽石、黃金，都已經挖超過地下四千公尺深了！

我們貫穿阿爾卑斯山，挖隧道的經驗十分豐富！

美國的工程技術先進，常常到其他國家幫忙挖掘隧道、解決難題呢！

台灣和日本一樣位在地震帶上，複雜的地質環境我們最了解！

選我，選我！我天生就是挖掘好手，不需要花錢買工具、買設備，最經濟實惠！

長隧道千萬不能發生火災

記者／卜方企

工程人員如此戰戰兢兢，是因為長隧道不同於一般道路的設計，國外過去在長隧道內就曾發生嚴重的事故，造成人員和財物重大損傷，這些歷史教訓，在設計隧道時都必須記取。

長隧道是個半封閉的空間，一旦發生車禍，引發火災，火勢引燃後，隧道內立刻變成大型燜燒爐，火煙及高溫將迅速蔓延，並讓隧道內車輛因缺氧而無法繼續啟動。而且隧道距離很長，空間又狹小侷限，大火可能燒毀傳播設備，使隧道內、外的消息很難及時傳遞，人員想要逃出去不易，消防車輛想要進來滅火也難。因此在隧道內，設計各種防火、防撞、防呆的裝置就變得極為重要。

1949 年 5 月 13 日

美國紐約的荷蘭隧道曾發生一輛大拖車載著製造殺蟲劑的二硫化碳化學桶，翻落到地面上的意外，並引起大爆炸，火勢猛烈，持續燒了 4 小時，造成 23 輛車全毀，66 人嗆傷，60 位消防隊員受傷。

1979 年 7 月 11 日

日本的日本坂隧道曾發生嚴重的火災：4 輛卡車與 2 輛轎車追撞，起火燃燒，火勢持續 7 天，造成 7 死 2 傷，燒毀 189 輛車，隧道封閉 35 天。

在隧道中發生火災的話，溫度可能會達到 1000 度，立刻變成大熔爐！

從哪裡開始挖，也是一門學問

要開挖了！隧道要從哪個隧道口開挖呢？從坪林一路挖到頭城；從頭城往坪林方向挖；坪林和頭城一起開挖，兩方在中間碰頭、銜接。這三個方案都可以執行，只是都各有風險。

小木馬日報

頭城開挖定案！

記者／卜方企

最後選擇從頭城開挖，考慮到排水與出碴的有利因素，以及對環境影響最小。

雖然地質複雜、工程技術困難重重，但我們一定能夠完成任務。

新北市坪林

□ 方案 1

從坪林這端往下挖

坪林這端的地質條件比較好，開挖應該會比較順利。但是坪林地勢比較高，高度約 208 公尺，頭城高度約 40 公尺以下，兩端的高低差在 160 公尺以上，如果從坪林往頭城方向挖，由於重力作用的關係，開挖後無論是通風、排水或將石碴往外送都不容易。

從頭城這端往上挖

因為地勢自然往下，排水相當有利，而廢棄的石碴運出後，可以提供作為頭城交流道工程時需要的填方土石。

不過，頭城隧道口附近，根據過去的研究，這裡斷層密集，地下水蘊藏豐沛，如果純粹以隧道工程技術來看，應該要避開，但是因為範圍太大，無法完全繞過。

坪林和頭城一起挖

雖然比較省時，但兩方在中間「合攏」，要順利碰頭、銜接則是技術考驗，只要兩端稍有誤差，就可能會變成 S 型的道路。雖然預定將來道路是微彎，但沒有人敢誇口，開挖後一定能照設計圖施工，因為雪山山脈的地質複雜，挖開後會遇到什麼樣的技術挑戰是未知數。

要從哪個隧道口開始挖呢？

讓挖洞大師我來幫你們瞧瞧！

雪山隧道從坪林逐漸往下降至頭城，地勢北高南低。

宜蘭縣頭城

雪山隧道要穿越 6 個斷層

折射法震測

雪山山脈的地質，是最讓所有工程人員頭痛的問題。許多研究人員研究過這裡的地質，大概得知靠近坪林隧道口這一邊的地質條件較好，而靠近頭城隧道口的岩層又硬又長，而且含有許多斷層和地下水。

這裡岩石覆蓋的厚度超過 700 公尺，比台北 101 大樓還高 200 公尺，想精確探測地質，就像拿一隻望遠鏡，從 101 大樓的頂樓往下看，要判斷大樓的 30 層、50 層，各是什麼辦公室，辦公桌上放了什麼文具一樣的困難。

雖然工程人員明知道困難地質段的位置與長度很難精確的預測，但在開挖前後，還是盡力做了很多地質探勘的努力。經過多次探勘，工程人員得知，在頭城隧道口附近將要面對的是比鋼還要硬的「四稜砂岩」！

了解隧道沿線地表下 50 公尺內地層及地質構造的震波波速，但是受到地形與雜訊的限制，探測結果並不理想。

❶ 在地表施放人工震源，如炸藥、重鎚等產生震波。

❷ 震波傳到地下，不同特性的地層有不同的傳波特性，如折射波或反射波速度大小不同。

❸ 震波回傳到地表被受波器接受，分析這些訊號就可以繪出地下構造的形貌。

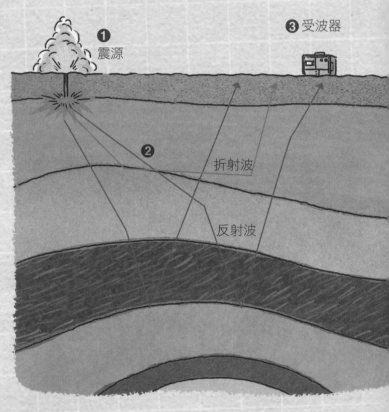

❶ 震源　❸ 受波器　❷ 折射波　反射波

雪山隧道穿越 6 條斷層、2 個向斜地層，尤其靠近頭城出口有 5 個斷層，岩層是最硬的四稜砂岩。

鶯仔瀨向斜　石磉斷層　倒吊子向斜

地質鑽探

採取雪山隧道沿線的土壤與岩石樣本。

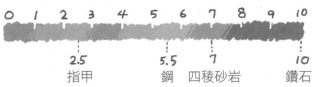

相對硬度表

四稜砂岩的主要礦物組成是石英，在衡量礦物硬度的 10 種礦物中，相對硬度是第 7 級。級數越大代表越硬，能在硬度級數較低的礦物上刻劃出痕跡。

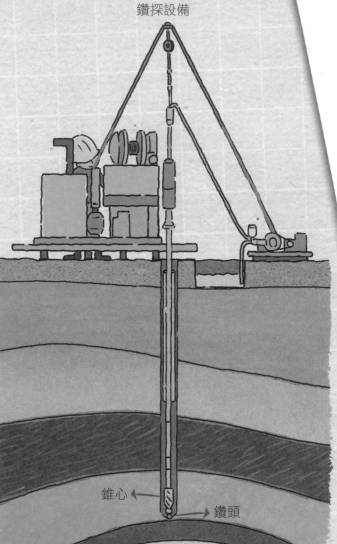

鑽探設備

錐心 ←

→ 鑽頭

＊鑽探取岩心時，鑽孔用的鑽頭磨耗極大，每深入1公尺，就要多5萬元添購新的鑽頭。最後因為經費不足，只能進行30～50公尺深的探查。

四稜砂岩

石牌斷層

大金面斷層

巴陵斷層　　上新斷層

金盈斷層

先挖導坑協助大隧道的挖掘

為了降低主坑大 TBM 的施工風險，在主隧道外，工程人員打算用小 TBM 先開挖一條與主隧道平行，直徑只有 4.8 公尺的導坑，用來進行水平長距離鑽探，或是在隧道內運用隧道震波探測，以探查隧道沿線地質。

此外，在開挖導坑時，遇到高壓地下水或破碎地層，可以事先以導坑排水，降低地下水壓或是對破碎地層進行處理，以協助主線隧道順利開挖。

同時，導坑還能改善通風，並將開挖所產生碴料，經隧道運往頭城交流道，提供路面回填使用，也能減少開挖隧道對環境的衝擊。

因為雪山隧道的地質難測，先挖小隧道做為了解地質的準備。

人類挖隧道可真辛苦。

導坑位置要在哪？

方案 1：主坑內
優點：工程費較低。
缺點：後續開挖主坑時，導坑的支撐構件會形成阻礙，必須要拆除。影響主坑施工工期和增加成本。完工後無導坑可用。

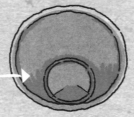

決議

評估工程費用後，兩方案的差異不大。因此決定採取方案 2，保留導坑，設置在兩主坑中間位置。

方案 2：主坑外，兩主坑中間
優點：完工後仍有導坑，可做為緊急救難、主坑維修的通道。
缺點：工程費較高。

北上線　　　人行避難隧道　　　南下線

緊急逃生道　　導坑

小木馬日報

導坑一開挖就遭遇困難

　　1991 年年初導坑頭城端必須先開工，小 TBM 又還沒有組裝成功，只能先以鑽炸法開挖導坑，但是過程卻沒有想像中的順利。

　　開挖隧道可不是只有用炸藥一炸，就能炸出一個大山洞，接著派挖掘機（怪手）和鏟裝機（山貓）就能挖出一條路，如果沒有做好支撐防護，挖出來的路段有可能坍塌甚至崩塌，不僅前功盡棄，還可能埋了機具和工程人員。

　　由於地質情況不佳，700 位工程人員就算是 24 小時輪班，每天只能前進 1 公尺，無法超前進度，因為開挖的地質不夠穩定，工作環境艱困，而且鑽炸得照著程序一步步進行，一點也急不來。

以鑽炸法每天只能前進 1 公尺，想想看，12.9 公里得要挖多少天，真的是非常艱難。

夏天的時候，你以為山洞裡溫度比較低嗎？才不是，隧道內的溫度會高達 45 度！

慢工出細活的鑽炸法

　　鑽炸，顧名思義，就是在岩盤上鑽洞，把炸藥埋入其中，然後引爆。藉由爆炸瞬間所釋放出來的能量去衝擊岩盤，使岩盤產生劇烈粉碎和破壞。

　　與 TBM 相較，雖然花費較少，但是鑽炸結果因為火藥量、鑽孔數、地質狀況等因素不同，不太容易精確的估算，同時對周遭的岩盤破壞的程度較大，比較危險。如果遇到地層中有沼氣、瓦斯、甲烷等不明氣體噴出，還可能造成火災爆炸。

　　鑽炸後的岩盤因為爆破變得脆弱，要馬上清除破碎和鬆動的岩塊。接著工程人員要像做總匯三明治那樣，把保護岩盤的物質一層層鋪上去，來加強支撐、保護岩盤。這個過程不能著急，只能每前進一小段，做一段支撐，如果當中出了什麼差錯，岩盤崩塌，就前功盡棄了。

　　只有這樣的支撐還不足以周全的保護隧道，還要進行「襯砌」，修飾這個巨大的總匯三明治，將保護層做到滴水不漏。

＊用鑽炸法慢慢開挖一年多，只前進522公尺，工程人員估計，照這個速度推進，大概要20年後才能通車，還好，這時候TBM已經進到台灣了。

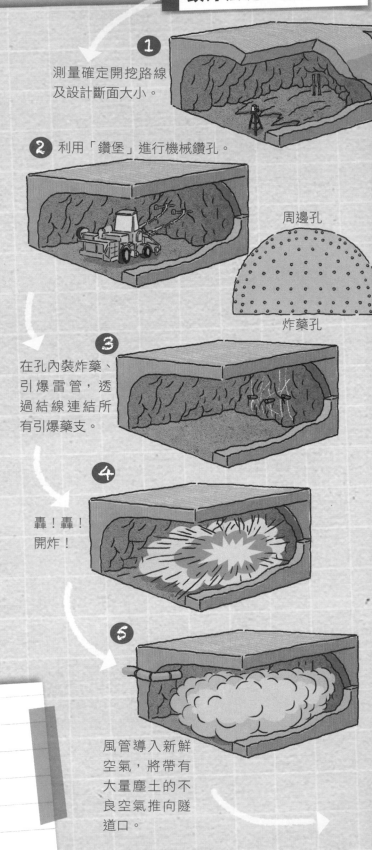

① 測量確定開挖路線及設計斷面大小。

② 利用「鑽堡」進行機械鑽孔。

周邊孔

炸藥孔

③ 在孔內裝炸藥、引爆雷管，透過結線連結所有引爆藥支。

④ 轟！轟！開炸！

⑤ 風管導入新鮮空氣，將帶有大量塵土的不良空氣推向隧道口。

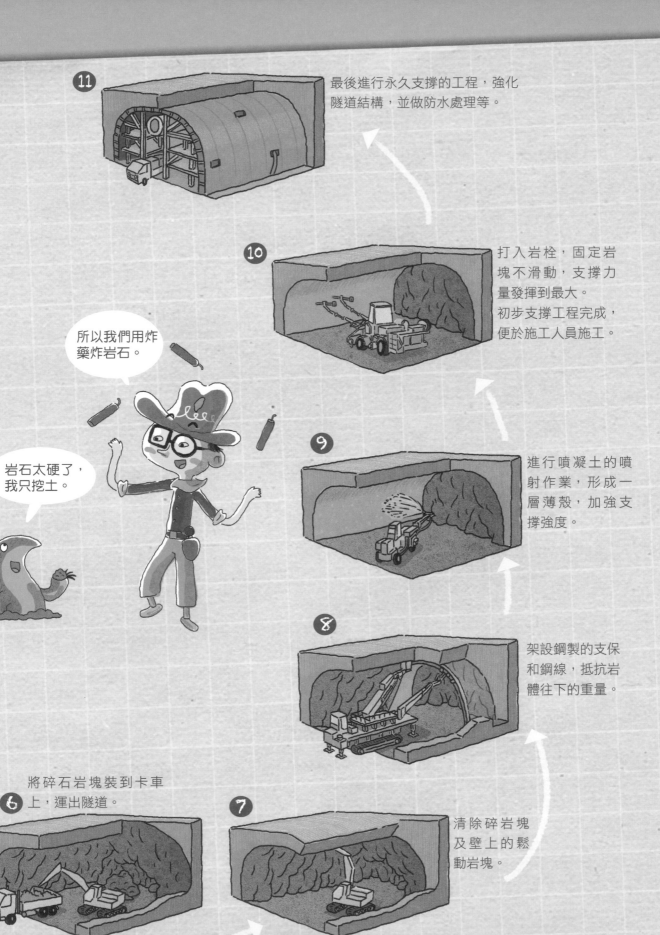

全斷面隧道鑽掘機來了！

工程人員引頸期盼的 TBM 來了！在正式進入隧道開挖之前，TBM 零件得先運抵工地開始進行組裝。工程人員得操作一部重達 200 噸的門型吊車，才能吊裝 TBM 主機的設備。至於 TBM 的輔助支援系統，是在組裝台後方的兩條軌道上進行，最後再與前面主機連結起來。

雪山隧道所採用的機型，是針對開挖複雜地質、岩盤較硬的雙盾殼 TBM。

開始運轉時，TBM 就像一臺會移動的超大型果汁機，切削轉盤以順時鐘方向高速旋轉往前推進。

TBM 在地下前進時為了確保方向的正確性，需要一套隧道導向系統為 TBM 定位，以正確監控 TBM 的位置，當 TBM 開挖 150～200 公尺後，TBM 所在位置的訊號就會慢慢變弱，這時工程人員就要移動這套系統並重新測量，幫 TBM 找到位置及方向，這樣 TBM 就不會迷路了。

你看，這就是有名的 TBM，國外很多隧道都是它挖的喔！

前進探查孔鑽機

削刀轉盤：順時針方向旋轉。上面的削刀，每個重達 180 公斤以上。每分鐘轉八圈，以離心力粉碎岩盤。

控制室

它那麼龐大，看起來就很不靈活，我應該挖得比它快！

削刀

環片組裝機：負責拼裝預鑄水泥環片，支撐住岩壁。環片需先做好，開挖時由列車運送到前端。

取土縫
（石屑刮入口）

主機：負責挖掘前方岩盤。

26

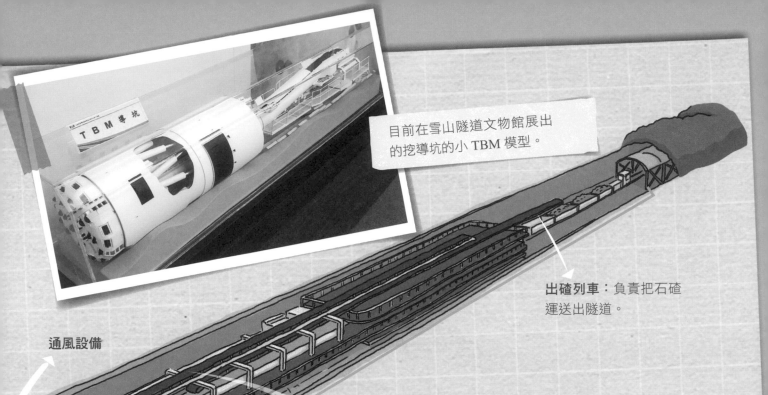

目前在雪山隧道文物館展出的挖導坑的小 TBM 模型。

通風設備

出碴列車：負責把石碴運送出隧道。

出碴輸送帶：把石碴送到後方出碴列車。

輔助支援系統：負責出碴、通風、運輸等後勤工作。

主坑大 TBM 正在進行組裝，巨大的門型吊車負責 TBM 零件設備的吊裝。

門型吊車

新聞圖照來源／交通部高速公路局

✻ 小 TBM 切削轉盤有 34 個削刀，大 TBM 則有 83 個削刀。一個削刀超過 180 公斤重，更換時需要 4 個工程人員合力才搬得動呢！

✻ 200 噸的門型吊車有多重，大約是 33 隻 6000 公斤的非洲象！

能挖能蓋隧道的 TBM

TBM 挖掘岩盤後，工程人員也要像鑽炸岩盤時那樣，把保護岩盤的物質像做總匯三明治，一層層鋪上去，打入岩栓鎖住岩壁，接著把預先做好的水泥環片直接往上撐住隧道頂，就像拼樂高積木般的把六塊環片接合、貼好，圍成一個圓，拼好一個圓之後，再往前拼下一個圓。碰到有空隙地方，工程人員就用細粒料和水泥漿填滿，務必讓隧道的支撐與岩盤緊密結合做到滴水不漏。

想不到 TBM 和四稜砂岩對決會卡住。

我就說那個大傢伙沒有想像中的厲害！

TBM 開挖了！

❶ 主機隨著削刀轉盤的挖掘前進而移動，每次前進約 1.5 公尺。

❷ 削刀粉碎的石碴經由取土縫、輸送帶、出碴列車運出隧道。這些碎成小石頭的石碴加工後，用來路面回填使用。

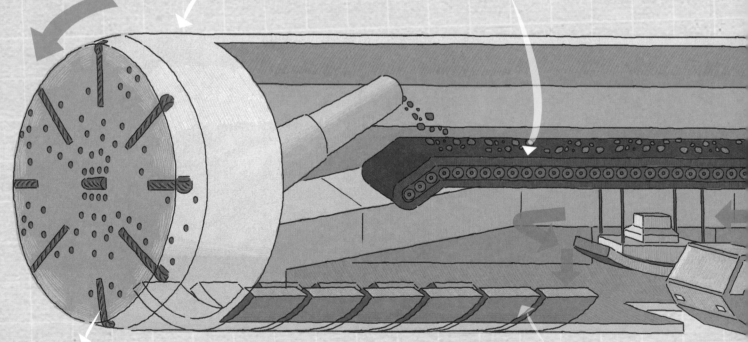

取土縫

❸ 開挖時，預鑄水泥環片的組裝作業也會同步進行。

記者/卜方企

TBM 和四稜砂岩大對決！

　　工程人員翹首以待，希望 TBM 的到來，可以加快工作的進度。但是，TBM 和四稜砂岩的對決中，卻屢屢敗下陣來，讓工程人員空歡喜一場。

　　除了岩質堅硬外，因地層破碎，有時候坍落的大塊岩石擋在削刀前，也會造成削刀轉動異常而損毀的狀況，讓工程人員頭痛不已，又無法解決。在國外的隧道工程中，TBM 削刀約使用 5～6 公里才換，但雪隧卻用不到 5 公尺就要換掉，一天平均要更換 13 個削刀，最高紀錄是一天換了 22 個！

削刀全新品　　削刀正常磨損　　削刀不正常磨損

全新的削刀經過挖掘後，會平均的磨損變鈍，但是挖四稜砂岩時，削刀磨損得十分嚴重，幾乎變形。

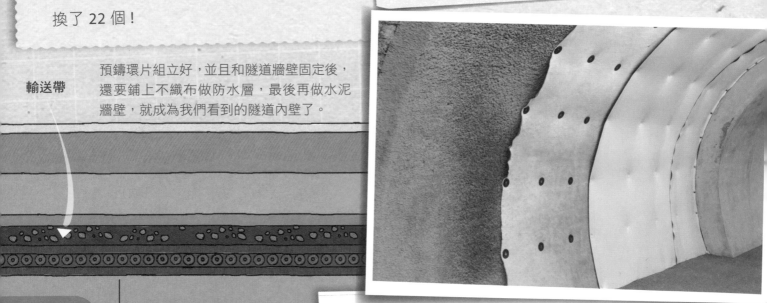

輸送帶　預鑄環片組立好，並且和隧道牆壁固定後，還要鋪上不織布做防水層，最後再做水泥牆壁，就成為我們看到的隧道內壁了。

＊主隧道與導坑開挖過程中，總共發生 63 次抽坍，TBM 受困達 26 次。整個工程實在太不順利了！

＊可能是因為第一次在工程中使用 TBM，我想才會如此狀況連連吧。後來工程人員不知道有沒有想到什麼好辦法克服？

如何解決大湧水問題？

TBM 不只怕岩盤坍塌，也怕坍塌後的高壓地下水。1997 年 12 月 15 日北上線主坑發生大量湧水的狀況，湧水挾帶 7000 立方公尺的岩塊沖入隧道，不僅岩塊掩埋隧道，連同將近 90 公尺的大 TBM 也埋入其中，修復TBM的費用甚至比買一台新的 TBM 還高，最後工程人員只好忍痛捨棄這台TBM，並苦思對策，好讓隧道工程能繼續下去。

此時的工程人員只要聽到任何能解決隧道問題的方法，都一定勇於嘗試。他們曾經求助國外專家前來幫忙，其中有位南非專家信誓旦旦，要協助探勘地質，結果卻半途而廢；日本也有位專家揚言，解決不了就切腹，最後也只能無功而返。雖有來自 14 個國家，46 位專家鼎力相助，都無法幫助工程人員順利突破困境。

▎解決之道 1：錐體灌漿，改良地盤

累積多次失敗的經驗，工程人員終於找到解決的辦法：先用錐體灌漿的方式，處理隧道的破碎地層，使岩盤得到初步的支撐，同時排水降壓，接著再進行鑽炸法或 TBM 推進。不僅可以使含有高壓地下水的岩盤更穩固，提高施工的安全性。

唉，沒想到 TBM 也是有弱點的。

很正常啊，像我也有天敵……，啊！就是……

❶ 從開挖面進行 30 公尺鑽孔灌漿後，鑽設檢查孔確認效果。

❷ 視處理成效及實際狀況需要，鑽設排水孔降低水壓。

❸ 往前推進 10～15 公尺後，重複進行這些步驟。

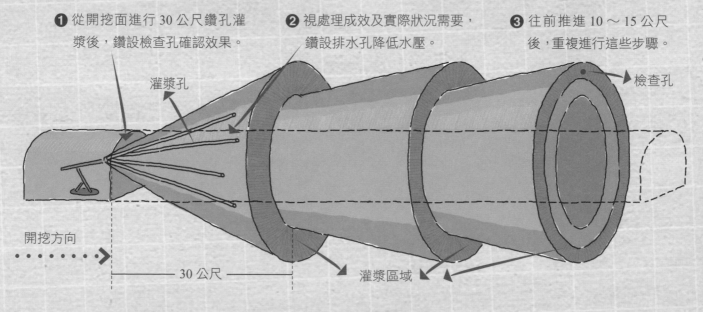

灌漿孔

檢查孔

開挖方向

30 公尺

灌漿區域

隧道內每分鐘噴出6000公斤的水！

記者 / 卜方企

大湧水可不得了，重量就像是一頭亞洲象衝過來一樣危險呢！

錐體灌漿是工程團隊經過幾次抽坍、湧水災變後所研究出的新工法呢！

小木馬日報

解決之道 2：混合工法，做個安全帽

為了減少 TBM 被埋沒的機率，工程團隊也研究出鑽炸法與 TBM 的混合工法，以及利用聯絡隧道和豎井，同時在幾處開挖，使得雪隧工程終於挺過難關，工程進度變快，也漸入佳境。

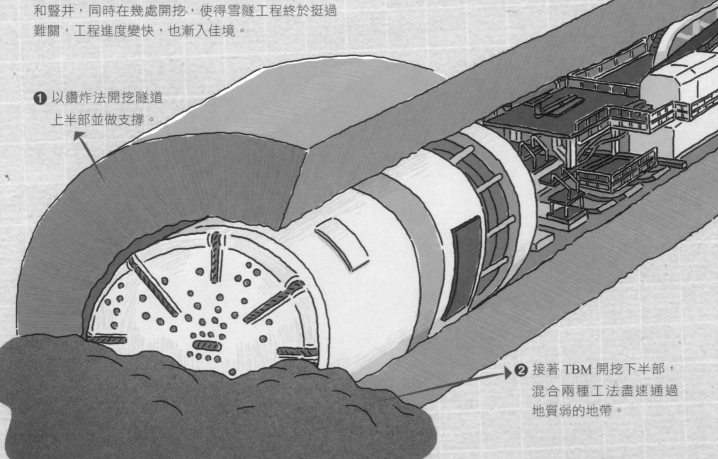

❶ 以鑽炸法開挖隧道上半部並做支撐。

❷ 接著 TBM 開挖下半部，混合兩種工法盡速通過地質弱的地帶。

能排氣又能加快開挖速度的豎井

在進行長隧道工程時，為了增加工作面，有時候工程人員都會在隧道的上方，挖一個垂直的坑道，當作工作井，讓人員可以進出、放材料設備、吊掛施工機具和通風，同時增加碴料的運輸路線，另外在災變時，還能當作緊急逃生的出口。雪隧的豎井功能也是如此，不僅在加快雪隧工程進度上，扮演了非常吃重的角色，而且在完工後，還擔負了將隧道內汙濁的空氣排出，並引入新鮮空氣的任務。

如果按照雪山隧道的交通量，南下線從坪林到頭城是下坡，因為重力影響，車輛的速度快，廢氣也排放的比較少；北上線從頭城到坪林是上坡，車輛駕駛必須猛踩油門，廢氣排放量就比較多。南下線設置 2 座豎井就已足夠，但北上線在行車尖峰時段則需要 5 座，但是開挖豎井非常耗時，而且工程費浩大，最後在工程人員的巧妙安排下，決定開挖 6 座通風豎井混合利用。

＊但是隧道頂上的山有多高，豎井就得鑽多深，雪山山脈可不是小山，豎井的深度動輒 300～400 公尺，最深的 1 號排氣豎井更深達 512 公尺，比台北 101 大樓還高。

★每一組通風豎井都是排氣井高，進氣井較低

因為熱空氣密度較冷空氣小而上升，冷空氣密度較熱空氣大，會下降。

噴流式風機

北上線

南下線

新北市坪林

★隧道內的推廢氣接力賽

噴射式風機把廢氣推給軸流式風機，廢氣往上升，最後經由排氣豎井排出。

三號進氣井　三號排氣井

二號進氣井

二號排氣井

進氣井和排氣井都相距 50 公尺，避免汙染的空氣重新流進隧道。

隧道外的冷空氣順著較低的進氣井往下降，到達隧道內。

宜蘭縣頭城

三號中繼站

較高的排氣井可使隧道內的熱廢氣更順利往上升，從排氣井離開。

二號中繼站

一號
進氣井

一號排氣井

通風中繼站
當北上線隧道內廢氣較多時，利用中繼站將南下線較新鮮的空氣引入北上線。

一號中繼站

軸流式風機

當隧道內一氧化碳、煙塵過高時，軸流式風機會自動開啟，讓雪隧「吸呼」，讓廢氣加速排出，新鮮空氣趕快流入。

新聞圖照來源／聯合報系

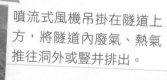

噴流式風機吊掛在隧道上方，將隧道內廢氣、熱氣推往洞外或豎井排出。

一端吸入空氣，經過風機葉輪加速後，從另一端高速射出，推動空氣流動。

新聞圖照來源／交通部高速公路局

垂直往下挖隧道

工程人員必須依據地形，選擇適合的工程方法來挖這 3 處 6 座通風豎井。首先要了解豎井下的岩層狀況，他們同樣會遭遇破碎的地層與豐富的地下水，而且處理地下水，豎向鑽挖豎井所使用的工程方法，要比水平方向挖掘隧道還困難，因此「止水」成了工程人員一定要克服的考驗，也因此研究了許多止水的灌漿工法，甚至特殊的冷凍工法，讓工程人員獲得許多寶貴經驗。

＊豎井施工是由上而下，越挖越深，而且工作空間有限，如果上方有岩塊從壁面掉落，在下面工作的人員將無處可逃，因此要特別謹慎。

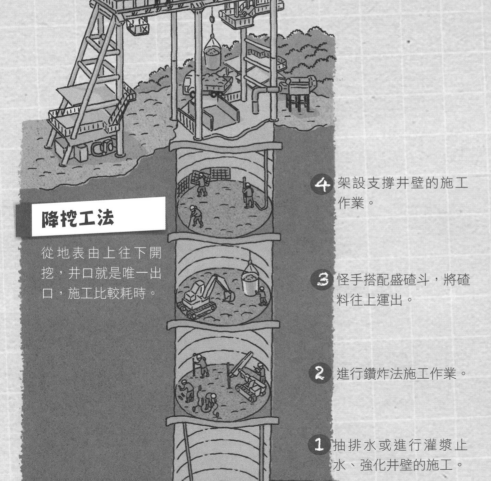

好黑喔，你敢下去嗎？

我不怕黑，但我怕那個懸空的籠子！

降挖工法

從地表由上往下開挖，井口就是唯一出口，施工比較耗時。

4 架設支撐井壁的施工作業。

3 怪手搭配盛碴斗，將碴料往上運出。

2 進行鑽炸法施工作業。

1 抽排水或進行灌漿止水、強化井壁的施工。

昇井工法

須先鑽導孔，由下往上擴孔，再進行鑽炸作業，施工速度較快。

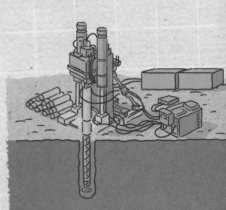

1 從地表往下鑽一個導孔，直徑約 10 ～ 30 公分。

挖豎井主要使用的方法是降挖工法，工程人員得搭乘鏤空的人籠進入地底下的工作區，進行開挖、支撐和襯砌等施工，前後共花了將近一年的時間，終於挖到豎井底。

挖更深的一號豎井時，工程人員除了使用降挖工法，也採用昇井工法，但這種工法有個條件：豎井下方的隧道必須已經開挖打通才能使用。

2 從隧道內更換擴孔的鑽頭，從下往上拉至地面，擴大導孔洞至直徑約 1 ～ 3 公尺。

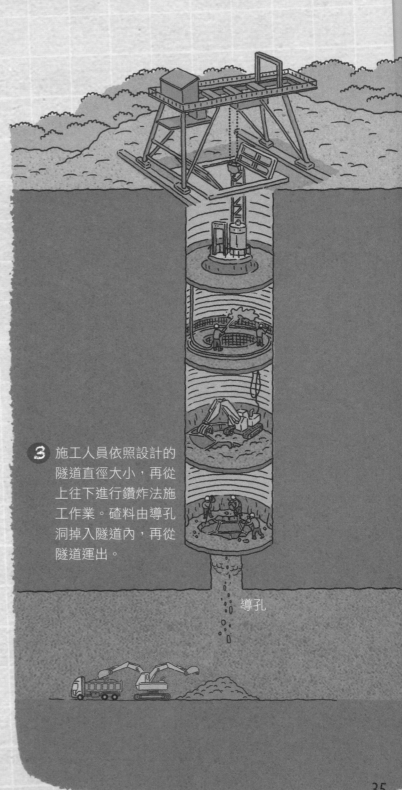

3 施工人員依照設計的隧道直徑大小，再從上往下進行鑽炸法施工作業。碴料由導孔洞掉入隧道內，再從隧道運出。

導孔

開挖豎井影響到茶園怎麼辦？

在鑽挖一號豎井時，工程人員經歷了長達 6 年，只能修築附近道路，卻不得其門而入的困境。原本設計在坪林地區開挖的一號豎井口，附近有大片茶園，但是當地茶農擔心隧道所產生的廢氣，會從豎井裡排出，妨礙茶樹生長，影響茶葉品質，因此反對一號豎井工程進行。

2005 年 6 月 6 日

小木馬日報

雪隧工程廢氣汙染茶園，茶農抗議！

記者 / 卜方企

聽說隧道的這根大煙囪，將來整天都會冒黑煙，我們家茶樹一定會死翹翹啦！所以我一定要阻止這個工程。

這些工程人員只會跟我們說隧道的豎井絕對不會影響茶樹生長，這怎麼可能？人每天吸黑煙都會生病了，茶樹怎麼可能會不生病？

要把豎井移開也要看移到哪裡，我們可不是那麼好騙的！

開說明會，提出解決方案

工程團隊和抗爭群眾進行多次雙方溝通，提出各種解決辦法，直到工程團隊提出的第 36 個方案：遷移排氣井位置，最終獲得茶農轉向支持。▪▪▪▪▪▪▪▪▪▪▪➤

工程人員將一號豎井的排氣口位置移到 400 多公尺外。這麼一移，原本只要鑽挖 345 公尺，就要增加深度為 501 公尺，而且必須在排氣井口處，以一座 312 公尺長的水平排氣隧道，將廢氣排到山脊的背後。

除了排氣井移位置，一號豎井還採用了昇井工法，減少碴料從茶園運出，降低環境汙染。

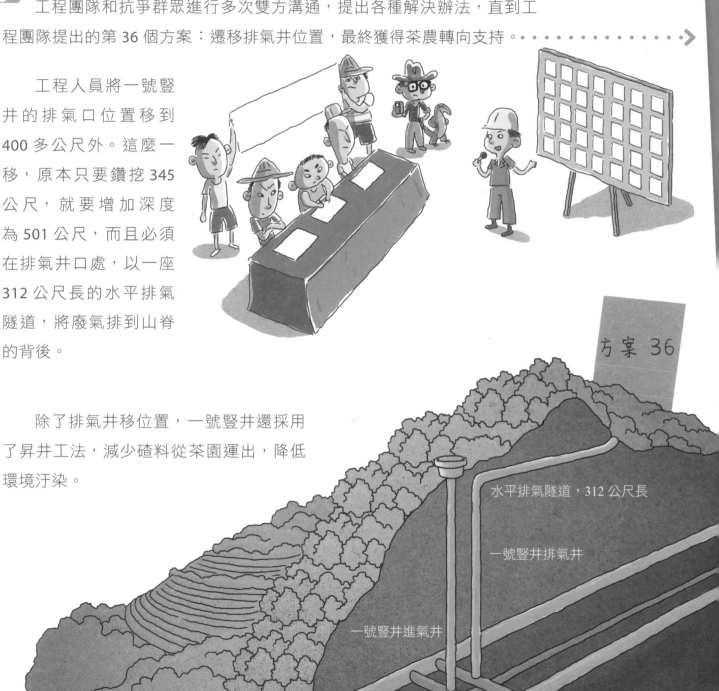

方案 36

水平排氣隧道，312 公尺長

一號豎井排氣井

一號豎井進氣井

開挖隧道汙染水源怎麼辦？

公共工程的動工，不僅僅只是準備好挖隧道的設備、技術、工程人員等就好了，更重要的是和當地居民的溝通，以及讓大眾了解工程的進度和影響層面。追追在這一次追蹤雪山隧道的報導中，終於深刻體會到這一點。

1997 年 12 月 30 日

小木馬日報

龍脈被切斷，山神 憤怒！

記者／卜方企

鑽挖坪林隧道的施工廢水是否會汙染翡翠水庫的水源，也是大家的討論焦點。為了避免廢水汙染當地水源，工程人員不僅從一開始就從較低的頭城施工，運用水往低處流的特性，讓施工廢水流向地勢較低的頭城這端。同時也在高速公路下方建了一座調和池，將高速公路的路面水，抽排到坪林隧道的排水系統裡，再排放到水源區外，以確保水源區的水質不會受到影響。

這些工程人員整天在炸山，這麼毒的炸藥一定汙染了水，這些水流到水庫還得了啊！

坪林抗議民眾 A

這些工程人員把我們台灣的龍脈都斬斷了，惹得龍生氣，頭城那邊才會三天兩頭湧水。

坪林抗議民眾 B

隧道完工以後，裡面或高速公路的髒水，我看還是一樣會汙染水源啦！

坪林抗議民眾 C

排水系統引導汙水排放，不流入水源區

　　雪山隧道不只穿過雪山山脈，也行經了翡翠水庫的集水區域。雪隧配合坪林到頭城由高至低的地勢，採取單一縱向的坡度設計，除了挖隧道時可排水，也為了隧道通車後，盡可能減少路面汙水流入水源區。‧‧‧‧‧‧‧‧‧‧‧‧‧‧‧‧‧‧‧‧‧‧‧‧‧➤

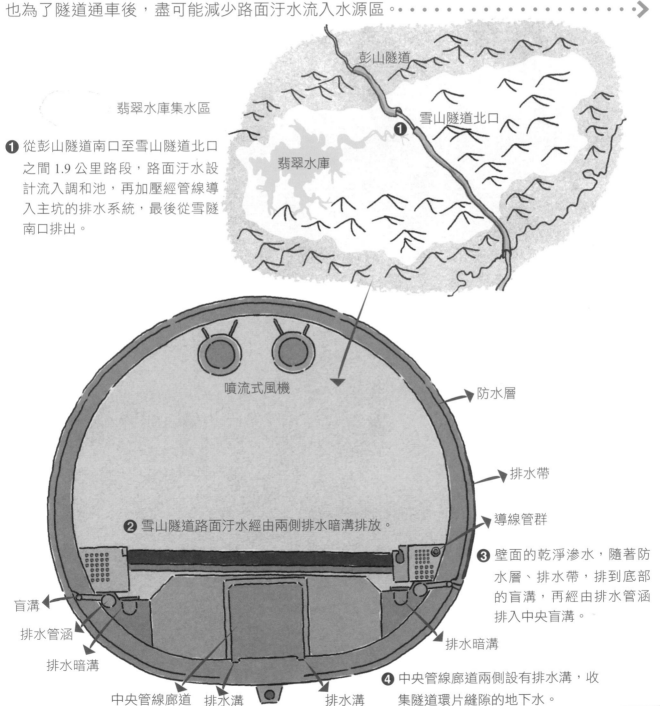

翡翠水庫集水區

彭山隧道

雪山隧道北口

❶

翡翠水庫

❶ 從彭山隧道南口至雪山隧道北口之間 1.9 公里路段，路面汙水設計流入調和池，再加壓經管線導入主坑的排水系統，最後從雪隧南口排出。

噴流式風機

防水層

排水帶

導線管群

❷ 雪山隧道路面汙水經由兩側排水暗溝排放。

❸ 壁面的乾淨滲水，隨著防水層、排水帶，排到底部的盲溝，再經由排水管涵排入中央盲溝。

盲溝

排水暗溝

排水管涵

排水暗溝

中央管線廊道　排水溝　　　　排水溝

❹ 中央管線廊道兩側設有排水溝，收集隧道環片縫隙的地下水。

2006 年 6 月 6 日，追追進到雪隧裡東看西看，忍不住問陪同的工程人員：「我採訪過雪隧 6 次貫通典禮，連同下一次，將是第 7 次了，每次貫通典禮，我都以為就要通車了，但為什麼還不能通車呢？」

「雖然隧道已經打通，但是還有各種輸配電、照明、火警偵測、消防、通風、空調與監控等機電系統，必須做最後測試，要等這些檢測完成，才算真正完成，才能通車。而且雪隧是個隧道群，共有 58 座隧道，只要有重要的隧道貫通，我們當然希望媒體可以多報導，非常希望國人能了解我們現場施工狀況，和工程人員的辛勞。」陪同的工程人員不疾不徐的娓娓道來。

追追點點頭，又問：「以前 TBM 碰到四稜砂岩就屢屢卡關，我甚至不敢預期雪隧可以完工，後來你們是如何追趕進度呢？」

「後來碰上的四稜砂岩，雖然堅硬但不再破碎，TBM 就像睡醒的巨龍，速度可以達到以前的 8、9 倍，加上從坪林這一頭採用鑽炸法施工也很順利，讓我們士氣大振，也才達成完工的任務。」

圖片來源／達志影像

小木馬日報

雪山隧道通車了！

記者／卜方企

交通部昨日宣布，雪山隧道已經符合通車條件，本月16日將全線通車。由於雪隧過去已經辦過6次貫通典禮，此次將不再舉辦通車典禮，到時只舉辦一個簡單儀式，感念在工程中罹難的人員，以及15年來，無數默默付出的工程人員，隨即通車。

在石碇服務區可以看到立有一座紀念碑，上面嵌了一顆開山挖出來的四稜砂岩，它比鋼還堅硬，說明施工的艱難。

新聞圖照來源／聯合報系

追追採訪完趕回台北，寫了一篇雪山隧道的報導。這幾年他跟著雪山隧道開挖、抽坍、TBM 夾埋，以及工程團隊想盡辦法克服困難的種種，都讓他的心情跟著上上下下，因為這個龐大工程能夠完成，真的太不容易了！

＊ 上週收到長官的指示，我又有新的任務要去挖掘更多超級工程的祕密了！^^

讓兩地距離縮短的隧道工程

記者／卜方企

2019 年 12 月南迴公路的草埔森永隧道啟用通車，從台東到屏東縮短了30 分鐘；2020 年 1 月蘇花改全線通車，宜蘭到花蓮車程縮短至 100 分鐘，東部與鄰近地區的交通聯繫從此更加便利。然而這些便利得來不易，為了克服地質水文的考驗，兩個工程團隊分別吃足了苦頭。

湧水、汙水雙重考驗的草埔森永隧道

南迴公路的草埔森永隧道，全長 4.6公里，位於台灣南端，台東、屏東兩縣交界處，草埔森永隧道的貫通，使行駛南迴公路的時間可以縮減約半小時。雖然草埔森永隧道沒有任何台灣第一的紀錄，但是它的施工過程相當艱辛，一點也不輕鬆。

施工期間，曾經因為地質破碎發生多次抽坍。隧道的中段，有一座直徑 9 公尺、深度 112 公尺的通風豎井，在豎井段的施工區，曾經發生嚴重的抽坍，還出現台灣隧道工程有史以來第三大的湧水狀況。這次的湧水量高達每分鐘 27 噸，也就是如果你站在這個地方，等於每分鐘都有 27隻，重達一噸的非洲象向你衝過來，大概沒有人能招架得住！

還曾因為湧水超過汙水處理設備的水量，而排放出大量的泥漿汙水，汙染了楓港溪溪水，遭到當地居民抗爭，於是工程人員再增設一套汙水處理設備，才解決了這個問題。

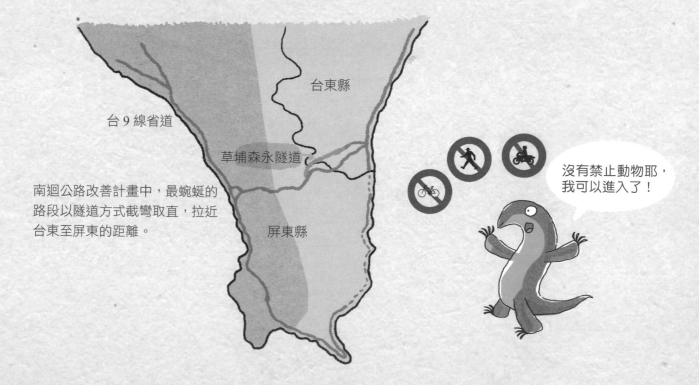

南迴公路改善計畫中，最蜿蜒的路段以隧道方式截彎取直，拉近台東至屏東的距離。

台東縣

台 9 線省道

草埔森永隧道

屏東縣

沒有禁止動物耶，我可以進入了！

點排式通風系統，人煙分離設計

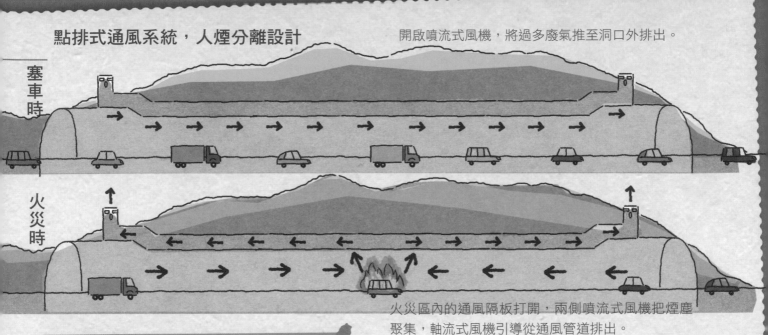

開啟噴流式風機，將過多廢氣推至洞口外排出。

塞車時

火災時

火災區內的通風隔板打開，兩側噴流式風機把煙塵聚集，軸流式風機引導從通風管道排出。

和雪隧一樣難挖的觀音—谷風隧道

蘇花公路作為台灣東部的主要公路已經超過五十年，因為地形複雜，又有地震，和北宜公路一樣是台灣危險的路段之一。

2009 年實施「台 9 線蘇花公路山區路段改善計畫」，簡稱蘇花改，直到 2019 年這條公路有了更安全的面貌。蘇花公路改善工程中，南澳到和平的區段（20 公里）為蘇花公路改善工程中最長的路段，最長的觀音隧道（長度 7.9 公里），和谷風隧道（長度 4.7 公里的），兩條隧道以 60 公尺的鼓音橋銜接，串聯成為台灣第二長的公路隧道，總共 12.6 公里，長度僅次於雪山隧道。這兩條隧道也是台灣首度引進點排式通風系統的隧道。

觀音—谷風隧道是蘇花公路改善工程中最關鍵的工程，工程人員在施工期間，遇到和雪山隧道工程類似的狀況，地質破碎、湧水不斷，曾發生較大規模的抽坍及湧水事件，共計 7 次。完工後，雖然全線限制時速為 40 ～ 60 公里，但從宜蘭蘇澳到花蓮的行車時間將從 160 分鐘縮短至 100 分鐘。

觀音隧道是南澳、和平段的其中一座隧道，是蘇花改計畫中最長隧道。

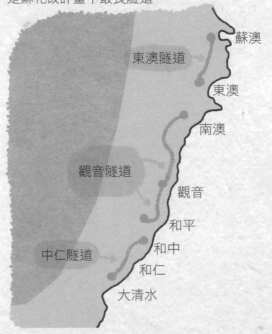

台灣「第一」隧道在哪裡？

記者／卜方企

獅球嶺隧道北口，岩盤較為穩固，直接沿山壁開鑿，隧道以磚砌成半圓拱造型。

圖片來源／達志影像

第一座隧道──獅球嶺隧道

位於基隆市的獅球嶺隧道，建於清代，1888 年春天動工，1890 年夏天完工，全長 235 公尺。由台灣巡撫劉銘傳負責修建，因此又稱「劉銘傳隧道」。隧道口上還有劉銘傳親題的「曠宇天開」四字，是台灣第一個、也是唯一的清代鐵路隧道。

獅球嶺隧道開挖時，只靠很少的工兵開鑿，相當困難，進度緩慢，又因為地質複雜，北邊的隧道口附近岩石堅硬，南邊的隧道口附近土質潮溼鬆軟，前後聘請幾位英國、德國的外籍工程師擔任顧問，耗時了 30 個月，好不容易才完工。

不過以現代的眼光來看，獅球嶺隧道內凹凸不平、路線略彎有弧度，並不適合火車快速通行，因此後來鐵道遷移改建，這座隧道只使用 7 年 7 個月就退休了。

台灣最長的隧道──新武界引水隧道

1934 年就完工的武界引水隧道，它是一條將濁水溪引入日月潭的引水隧道，不過因為完工已久，隧道內的襯砌混凝土已經劣化，為了澈底改善這個問題，工程人員又再建了一條新武界引水隧道。新武界引水隧道全長 13.96 公里，比雪山隧道還長，是台灣目前最長的隧道。另外，濁水溪的支流栗栖溪經栗栖溪引水隧道，最後

匯入新武界引水隧道。這條栗栖溪引水隧道長度為 2.43 公里，兩條引水隧道總長 16.39 公里，使新武界引水隧道的長度又往前邁進了不少。

新武界和栗栖溪引水隧道工程，是台灣首次用 TBM 成功貫通的隧道，比雪隧早了一步。

濁水溪

栗栖溪

栗栖壩

新武界引水隧道

TBM 工法開挖路段
約 6.5 公里

日月潭

第一座海底隧道——高雄港過港隧道

　　高雄港過港隧道位於高雄市前鎮區與旗津區之間，是台灣第一座海底隧道，主要供貨運使用。全長 1670 公尺，自 1981 年 5 月開工至 1984 年 5 月完工通車。修建時，全世界的海底隧道還非常稀少，又是台灣的第一座海底隧道，加上要穿越高雄港主要航道，涉及船舶航行安全、港口保全、隧道內的道路須預留多少空間才能讓車輛安全通過等技術問題，曾經引起許多討論。

　　因為高雄港地質太過鬆軟，高雄過港隧道無法採用山岳隧道的方式開鑿。經過多方討論，最後是打造 6 節長 120 公尺，高 24.4 公尺，重達 2 萬多噸的鋼筋混凝土沉埋管，以駁船將沉埋管拖送到適當的位置，再一節一節接起來的。

　　這座上個世紀完工的海底隧道，原本的使用年限為 50 年，隨著年齡越來越大，維修也變得越來越重要，工程人員為了幫它「延壽」，到處檢修並更換機電設備，估計再延長 15 年的使用期限是沒問題的。

沉埋管工法建隧道

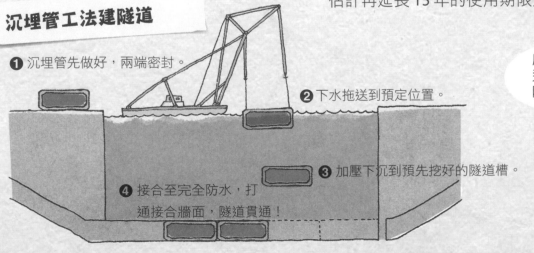

❶ 沉埋管先做好，兩端密封。

❷ 下水拖送到預定位置。

❸ 加壓下沉到預先挖好的隧道槽。

❹ 接合至完全防水，打通接合牆面，隧道貫通！

原來不會游泳，還是可以挖海底隧道耶！

45

隧道百百款，不只有一種

記者／卜方企

　　隧道有許多種分類方式，有的是依照功能來分類，例如公路隧道、鐵路隧道、輸水隧道。有的是依照所在位置分類，例如山岳隧道、地下隧道、過河隧道。台灣除了有像雪山隧道提供車輛通行的公路隧道，也有像新武界引水隧道，只用來輸水，還有供大眾運輸工具行駛的新觀音隧道、八卦山隧道，以及在台北供捷運行駛的地下隧道、過河隧道。

新觀音隧道擴建為雙軌後，列車可以加快速度通過，提昇了北迴鐵路南來北往的行車效率。

單線通車

最長的鐵路隧道——新觀音隧道

　　北迴鐵路位於宜蘭縣境內有一條台灣最長的鐵路隧道——新觀音隧道。隧道貫穿中央山脈，全長 10.3 公里。為什麼稱為「新」觀音隧道，當然是因為有一條舊的觀音隧道，它和鼓音隧道、谷風隧道連成一氣，但是只有單線能通車，如果北上的火車要通過，南下的火車就必須停下來。

　　為了解決這個問題，工程人員將這個隧道擴建為雙軌，不過新觀音隧道的地質和雪山隧道一樣複雜，讓工程人員吃足了苦頭，花了 5 年 8 個月才完工。

八卦山隧道雖然很長，但隧道內打電話不會斷訊喔！

非常快了。因為八卦山的地質是偏軟的卵礫石層，不適合炸藥爆破，用挖溝機從兩頭慢慢挖過去，就可以貫通。施工期間，還創下單月 253.7 公尺的開挖紀錄呢！

高鐵最長隧道——八卦山隧道

位於高鐵台中站和高鐵彰化站之間的八卦山隧道，全長 7.3 公里，是高鐵最長的隧道，而高鐵只要 90 秒就能穿越喔！但它卻花了 700 多個日子，從 2001 年 4 月 9 日開工，至 2002 年 8 月 29 日的工時，日夜趕工，才能貫通。

看起來花了不少時間，但是和別的隧道相比，工程人員這樣的挖掘速度，算是

複雜多元的臺北都會區地下化隧道

不斷增建的台北都會區地下化隧道，根據統計 2020 年隧道長度已超過 130 公里了，這些隧道有的是河底隧道，有的是地上隧道，還有的隧道像麻花一樣的，交疊一起，有的是在地下 7～8 公尺交疊共同管道，有的隧道則要挖到地下深達 25.3 公尺處，非常複雜。

原來在城市地下有著這麼複雜的隧道。

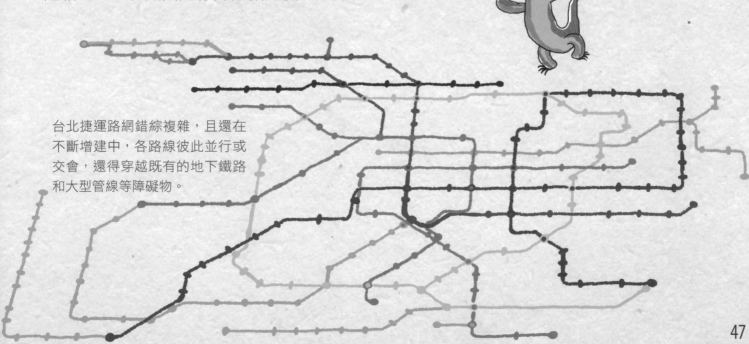

台北捷運路網錯綜複雜，且還在不斷增建中，各路線彼此並行或交會，還得穿越既有的地下鐵路和大型管線等障礙物。

TBM 機器巨獸的誕生
記者／卜方企

千萬不要錯過認識這個機器巨獸的機會！

在雪山隧道開挖時，TBM 扮演了極為吃重的角色。它在 1975 年引進台灣後，就普遍應用在捷運工程、下水道工程上。剛開始引進的 TBM，盾頭口徑只有 6 公尺，近年來，為了開挖超大斷面隧道，甚至購入 15 公尺口徑的 TBM。

當然口徑越大的 TBM，造價就越昂貴，體積、重量也更大、更重，搬運組裝也更困難。但是除非是地質不適合，就算 TBM 又貴，又不好搬運組裝，工程人員在鑽挖隧道時，還是會優先選擇 TBM，因為 TBM 在施工過程中，可以減少挖土或填土的體積，也能減少對交通與環境的衝擊，還能減少處理地下障礙物及管線……因為 TBM 這個機器巨獸就是為了開鑿隧道而誕生的。

在距今 2、3 百年前（18 世紀末至 19 世紀初），歐洲的英國發生工業革命，人們終於懂得利用水力來做為動力，並且發明了蒸汽火車，蒸汽輪船，用它們來載運乘客與運送貨物。但是乘客或貨物，只要一到首都倫敦附近，就得換乘馬車，因為倫敦城裡到處都是房子，要穿越倫敦的大街小巷，只能靠馬車或雙腿。想要讓火車

人力 TBM

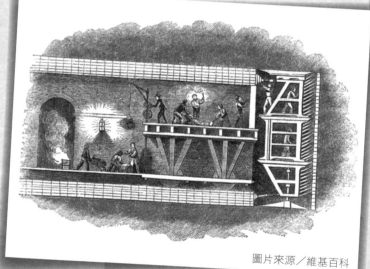

圖片來源／維基百科

第一代人力 TBM 進行英國泰晤士河的河底隧道挖掘情形。

TBM 始祖

圖片來源／維基百科

進城，就要拆地上的房子才能鋪設鐵軌，或者讓火車在地底下跑。

同時泰晤士河成了倫敦最繁忙的河道，河上興建了 30 幾座橋梁，讓馬車可以通過橋梁，順利的把乘客或貨物運到倫敦各處。可是太多的橋梁卻成了船隻往來最大的阻礙，因為大輪船會撞到橋面，小渡輪容易撞橋墩，當時的工程人員能想到的解決辦法，就是興建河底隧道。

不過興建河底隧道，或在地底下挖隧道，可不是件容易的事，要挖得夠深，襯砌也要夠堅固，才不會垮。當時有位名叫馬克‧伊桑巴德‧布魯內爾的工程師，為了鑽挖河底隧道，發明了第一代的 TBM，他打算用「潛盾工法」來挖隧道，特別構思了圓形磚砌的設計，而且 1818 年，他還為自己設計的圓形潛盾取得了專利權。

不過第一代的 TBM 實在太原始了，以人力挖掘，並使用手搖螺旋千斤頂推進，以磚頭堆砌做為隧道襯砌，平均鑽掘的速度約為每天 15 公分左右。這項工程進行得不太順利，還發生了極為嚴重的坍方，最後好不容易才完工。

40 年後，另一位工程師格雷特黑德，終於開發了真正的圓形潛盾機，在 1887 年，建造倫敦地鐵的南倫敦鐵路隧道工程中，採用壓氣式潛盾工法，這一代的 TBM 才算是現代 TBM 的真正始祖喔！

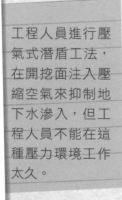

工程人員進行壓氣式潛盾工法，在開挖面注入壓縮空氣來抑制地下水滲入，但工程人員不能在這種壓力環境工作太久。

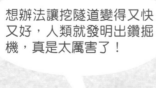

想辦法讓挖隧道變得又快又好，人類就發明出鑽掘機，真是太厲害了！

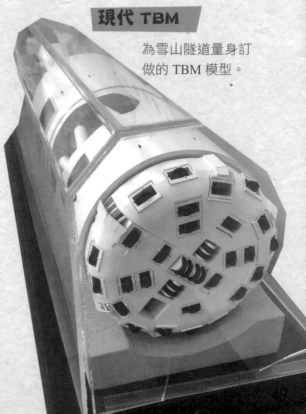

現代 TBM

為雪山隧道量身訂做的 TBM 模型。

只靠雙手，古人也能挖出隧道

記者／卜方企

在歐洲有數千條不知名的隧道，挖掘的隧道久遠，目前沒有人能說出最古老的隧道是哪一條，不過可以肯定的是，挖掘這些隧道絕對不是輕鬆優雅的工作。

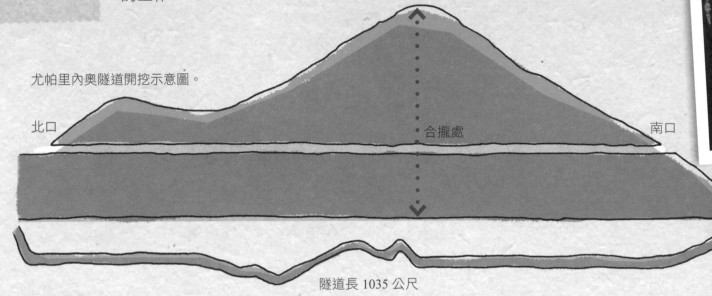

尤帕里內奧隧道開挖示意圖。

北口　　　　　　　　　　　　　　　合攏處　　　　　　　　　　南口

隧道長 1035 公尺

兩端開挖的古老隧道

在希臘薩摩斯島，有一條 1035 公尺的尤帕里內奧輸水隧道，大約是西元前 6 世紀（距今 2700 年前）挖掘的隧道。因為統治者害怕一旦遭受敵人攻擊，城裡沒有水井，屆時無水可用將全軍覆沒。因此聘請著名工程師「尤帕里內奧」負責這項工程，指揮奴隸用十字鎬、槌子和鑿子，從山的兩邊先往下挖出豎井，再挖掘隧道並打算讓兩邊在中間合攏貫通。

可惜的是當時沒有衛星定位系統，在漆黑的地底，只能靠「直覺」或簡單的工具來確定位置。挖了半天，兩邊還是差了

4.6 公尺，沒辦法從中間貫通碰頭，最後權宜之計是變成 S 型，將兩條隧道連接在一起。

尤帕利努斯的運氣不錯，薩摩斯島的地質還算穩定，開挖後並沒有坍塌，而且保存良好，如今還成了觀光勝地。不過這些奴隸可就沒這麼好運了，他們只能靠自己的力氣開鑿，岩石硬度甚至比他們的工具還硬，為了擊碎岩石，利用熱漲冷縮的原理，先將岩石加熱，再澆冷水，讓岩石急速冷卻而碎裂，這項技術稱為焠火。他們的工作環境也很差，不通風的封閉空

圖片來源／達志影像

隧道南口

間、到處粉塵，不時需要點火，極易發生氣爆，造成死傷，如果突然湧水，更是逃生不易。

徒手挖出倫敦地鐵

到了近代，人們已經可以運用比較先進的儀器，但挖掘隧道仍然是相當辛苦的差事。1861 年，約翰·富勒帶著一支 900

人的隊伍，帶著十字鎬、鏟子、圓鍬，用明挖覆蓋工法，也就是露天開挖，搭鷹架，用磚頭「蓋」磚頂，再將土回填的方法建造英國倫敦的第一條地鐵。

施工一年多，因為河岸坍塌，工地灌入兩公尺以上的河水，工人紛紛逃離，差點讓這項工程毀於一旦，也成為當時的頭條新聞。不過幸運的是，這項事故並沒有讓工程停頓下來，為了如期完工，工程隊伍反而日夜趕工，在兩年多後就貫通全長約 6.5 公里的倫敦第一條地鐵。

只要挖得夠久，什麼隧道都能挖得通。

河岸崩塌，河水直接灌入隧道施工處。

倫敦地鐵進行露天開挖隧道的情形。

圖片來源／維基百科

圖片來源／維基百科

在海底照樣建隧道

記者／卜方企

在陸地上挖掘隧道沒什麼稀奇，沒想到連海底下也能建隧道！

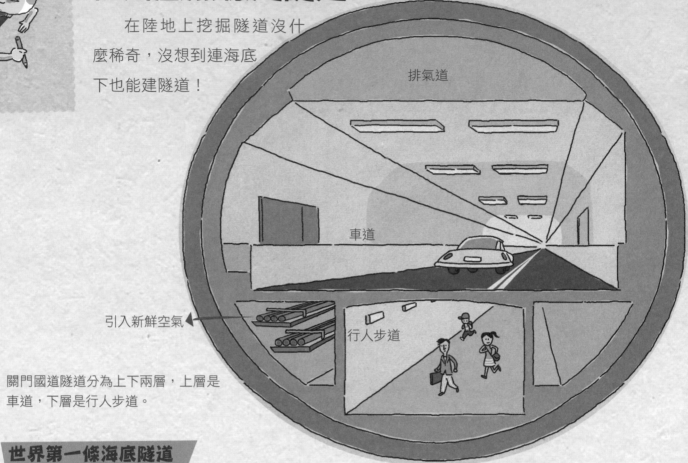

排氣道

車道

引入新鮮空氣

行人步道

關門國道隧道分為上下兩層，上層是車道，下層是行人步道。

世界第一條海底隧道

位於日本關門海峽下的海底隧道，一般人習慣稱它為關門國道隧道，全長 3461 公尺，實際位於海底的部分為 780 公尺，最低點位於海平面下 58 公尺。除了有車行隧道外，在車道下面設有行人隧道，人們只要花 15 分鐘，就可以靠自己的雙腳跨越海峽，在海底漫步。

關門國道隧道位於日本本州和九州之間，兩州間隔海相望，這個海峽雖然很窄，卻使得這裡的交通不便，為了改善交通，1937 年時，工程人員開始在這裡調查地質，兩年後開始挖掘主隧道，1942 年貫通海底段的主隧道，但後來因為第二次世界大戰爆發，工程材料不足而沒有完工，直到 10 年後才復工，最後在 1958 年整個隧道完工才通車。

海底隧道行人步道

圖片來源／達志影像

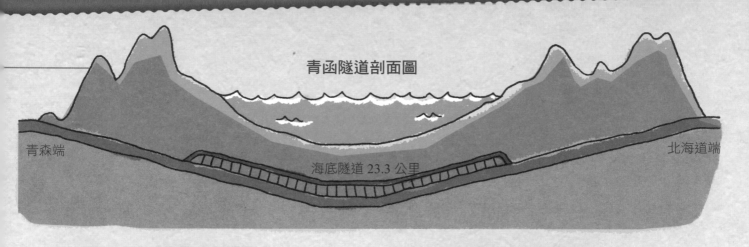

青函隧道剖面圖

青森端　　　　　　　　　海底隧道 23.3 公里　　　　　　北海道端

世界第一長的海底隧道

青函隧道位於日本北部本州和北海道間的津輕海峽間，是世界第一長的海底隧道，同時也是世界二長的鐵路隧道。它穿越日本本州島與北海道島之間的津輕海峽，全長 53.85 公里，海底部分長 23.3 公里。隧道在 1971 年 9 月動工，工期長達 16 年，在 1988 年 3 月正式通車。

從隧道動工以來，曾兩度被海水淹沒，最嚴重的一次發生在 1976 年，海水以每分鐘 70 噸的流量沖入導坑，造成 20 幾位工程人員傷亡，使得工程人員又多花了 5 個月的時間才控制住水勢。根據事後統計，在隧道動工期間折損了 33 位工程人員，並且造成 1300 人傷殘。

在海底段最長的隧道

英法海底隧道位於英吉利海峽多佛水道下，是連接英國與法國的世界第三長隧道。它的最低點有 75 公尺深，平均深度則為海底下 45 公尺。在海底部分長度是 37.9 公里，比青函隧道的 23.3 公里還要長了 14.6 公里。

要建英法海底隧道的想法最早可追溯至 1802 年，不過英法兩國並不如表面那樣的和睦，為了建與不建討論了許久都沒有下文。經過 186 年後的 1988 年，兩國才終於達成協議開始建隧道。不過在開工前 20 年，兩國已經密切的進行勘察，證實海峽大多是白堊土地層，很適合挖掘隧道。開挖後，總共動用 11 部 TBM 挖掘主坑和導坑，最後隧道在 1994 年完工後通車使用。

圖片來源／達志影像

英國

法國

我雖然也會游泳，但是我可不要在海底鑽隧道！

世界最長的隧道　記者／卜方企

世界最長的隧道可不只有一種形式，有最長的公路隧道，有最長的鐵路隧道，也有最長的海底隧道……因為形式不同，就有不一樣的世界第一，而且這個世界第一的名稱常常被打破，也許今年還是世界第一，明年就換位置了喔！

圖片來源／達志影像

阿爾卑斯山內隧道示意圖

聖哥達基線隧道開通後，米蘭到蘇黎世的車程至少減少 1 小時，只需 1 小時 40 分即可抵達。

世界最長的鐵路隧道

在歐洲穿越阿爾卑斯山的聖哥達基線隧道，自從它於 2016 年完工通車後，世界上最長的鐵路隧道就非它莫屬了。全長 57.1 公里，位於地底平均 2.3 公里處的隧道，最深的地方為距地面約 2.4 公里，就算以時速高達 250 公里的快速列車想要穿越它，也得花上約 20 分鐘。

聖哥達基線隧道最驚人的紀錄是隧道必須深入海拔 3000 公尺的阿爾卑斯山底鑽掘，有的地段的工作豎井必須鑽挖厚達 2300 公尺的岩層，在主坑內部工作，高溫達攝氏 45 度。採用了 4 部 TBM 施工，但即使用 TBM 鑽掘，也要穿過 73 種岩層，甚至動用長 410 公尺的 TBM 來鑽掘，也不是輕鬆的工作。工程人員總共花了 17 年的時間，挖掘出近 2700 萬噸的土石，也常常發生 TBM 被掩埋，必須想辦法救出 TBM 的事件，而且有 9 名工程人員因此不幸殉職。所幸這條最長的鐵路隧道最後終於完工，不僅紓解路面交通，還讓上百輛會造成汙染的貨車運輸改為鐵路運輸，可說為歐洲貨運帶來革命性的轉變。

世界最長的公路隧道

世界上最長的公路隧道位於歐洲挪威的洛達爾隧道，全長 24.5 公里。由於當地冰河、峽灣等天然地形限制，使得當地人到了冬日便變得交通不便，很難出門活動。不過聰明的挪威人也懂得利用這些天然地形，開鑿出許多隧道，讓冬天不再被冰封而步步難行，交通也因此變得比較方便，洛達爾隧道便是因為這樣的需求而產生的。於 2000 年正式通車，全程通過約需 20 分鐘的車程。

這條公路隧道最炫目的地方是用燈光來進行變化，每 5 公里就用不同 LED 燈光色彩，讓人在其中行車有如置身室外。同時它也是全世界第一個內部配有「空氣處理廠」的隧道，可以排出灰塵和汽車廢氣。不過挪威在 2017 年計畫要建一條全長 27 公里的羅加蘭隧道，穿越博肯峽灣，建成之後，洛達爾隧道的世界第一的名號就要讓位了。

我一天最快可以挖 10 公尺長的隧道，這 27 公里我要挖多久呢？

地底下有多少水？

雪山隧道被施工人員稱為「水中長大的隧道」，因為挖掘工程中遭遇多次大量湧水，不僅工程受到阻礙，還伴隨岩塊抽坍、TBM 掩埋受困等問題。這些我們看不見的水到底藏在哪裡？從何而來呢？

地底下的世界我最懂。

大地的水銀行

我們腳下的土地像是一塊千層蛋糕，由一層層顆粒大小不同的土壤和岩石所堆疊起來，結構鬆散有孔隙的岩層能儲存水、讓水透過，稱為「含水層」。而結構細密的岩層，幾乎沒有空隙，不含水也不透水稱為「不透水層」。含水層還分自由地下水和受壓地下水。

自由地下水：接近地面的含水層，含水量會受到氣候和季節影響而改變。

受壓地下水：兩個不透水層包夾的含水層，含水量變動小。如果鑿井到這裡，地下水會因為壓力作用自流出來。

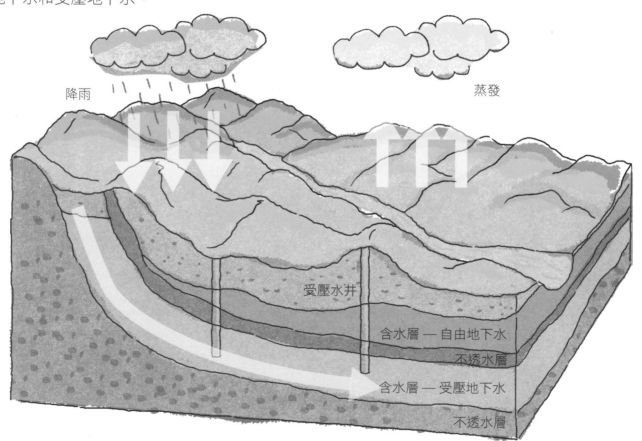

降雨

蒸發

受壓水井

含水層 — 自由地下水

不透水層

含水層 — 受壓地下水

不透水層

水從哪裡來？

大部分的地下水來自於降水，當雨、雪等降到地面，部分成為地面上的水流，或是直接蒸發掉了，剩下的水就沿著土壤或岩石空隙滲透到地底下儲存起來。河川、湖泊的水向下滲透也可使地下水獲得部分補充。

動腦時間

★ 當工程人員在施工鑽鑿時遇到大量湧水，是因為他們鑽孔穿透　　　　　　　，使下方存有　　　　　地下水噴湧出出來。

★ 若是每分鐘湧出 6000 公升的水，用 1 公升的寶特瓶盛裝，一年湧出來的水可以裝多少瓶？

★ 地球上雖然有豐沛的水資源，但實際上能讓人類使用的淡水不到 1%，這麼少的淡水當中，地下水佔了 95.7%，對人類來說是十分重要的淡水資源。你知道人們是如何使用地下水的嗎？請看圖說一說，並舉一個例子說明其他的地下水用途。

我知道地下水還可以做為　　　　　　用途。

使用地下水會有哪些問題要注意？

隧道內發生火災怎麼辦？

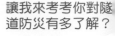

追追從宜蘭準備回台北，車子開上高速公路，很快的進入雪山隧道。他打開車上收音機，轉到 FM 頻道收聽即時路況，行控中心緊急插播了一則路況消息：

北上 20 公里處有兩輛汽車發生擦撞，其中一輛汽車起火燃燒，冒出濃濃黑煙，下游用路人請盡快離開，火災現場和上游用路人請盡快下車，依照指示進入距離最近的橫坑避難！

什麼是上游和下游？

上游　　　　　　　　　　　　下游

上游：是指火災發生在駕駛的前面。這時必須把車子停靠在路兩旁，留通道給救災車輛進入，並迅速下車逃生。

下游：是指火災發生在駕駛的後面。這時要趕快開車離開，不能減速逗留觀看。

橫坑在哪裡？

連接兩座主隧道的橫向坑道，稱為「橫坑」，也就是雪山隧道中的行人避難通道和車行聯絡通道。通道口有 3 公尺高的人行逃生圖，避難進入後必須把門關上，才能防止濃煙竄入。

★火災發生時，追追正開車到北上 15 公里處，請問：（請打勾）

火災發生在追追的□前面 □後面，所以追追是位於火災□上游 □下游的用路人。

追追應該要怎麼做？□待在原地不動，等待救援

　　　　　　　　□把車鑰匙留在車上，走到最近的橫坑裡等待火災滅除

　　　　　　　　□把車鑰匙留在車上，往出口的方向快速離開

　　　　　　　　□開車快速往出口方向離開

★燃燒引起的濃煙會隨著熱空氣不斷往上升，如果追追必須離開汽車，在逃生時應怎麼做避免吸入過多濃煙？

　□大聲呼喊求救　　　　　　　□用溼布或衣袖掩住口鼻

　□壓低身體逃跑　　　　　　　□身體挺直跑快點

工程大調查

你的學校或是住家附近，是否有工程正在進行？它是什麼工程，跟自己有什麼關係呢？學學追追去調查一下吧！調查的時候，請勿進入工地，並注意周圍環境的安全喔！

工程師好酷，我也想要當工程師！

讓我來考考你對工程師工作有多了解？

⭐ 工程名稱：

⭐ 工程地點：請畫出街道地圖和標示相對位置

⭐ 工程目的：

⭐ 開工時間： 年 月 日　　　　　預定完工時間： 年 月 日

⭐ 如果你是總工程師，你認為這個工程的任務有哪些？請在下方把須要進行的任務圈起來。

　　●◆ 決定地點　　　●◆ 請設計師畫設計圖　　　●◆ 和居民溝通

　　●◆ 尋找成員，組織工作小組　　●◆ 選擇工程工法與機械工具

　　●◆ 評估施工狀況，降低各種風險　　●◆ 蒐集資料和測量周遭地質與水文

　　●◆ 規劃各項工程的費用　　●◆ 預先設定使用狀況，設定維護的方法

⭐ 你覺得最重要的是左頁哪三件任務，請寫下來。

1.＿＿＿＿＿＿＿＿＿　　　2.＿＿＿＿＿＿＿＿＿　　　3.＿＿＿＿＿＿＿＿＿

⭐ 我的新聞稿：試著寫下你所觀察到的現場情形，例如看見了哪些人、有幾位？他們正在做什麼 事情？使用到哪些你認識的機械或工具？施工時有沒有影響其他人？有沒有設置警示牌，上面寫什麼？有聽到噪音嗎？

新聞標題：＿＿＿＿＿＿＿＿＿＿＿＿＿＿＿＿＿＿＿＿＿＿＿＿＿

＿＿＿＿＿＿＿＿＿＿＿＿＿＿＿＿＿＿＿＿＿＿＿＿＿＿＿＿＿＿＿＿＿

＿＿＿＿＿＿＿＿＿＿＿＿＿＿＿＿＿＿＿＿＿＿＿＿＿＿＿＿＿＿＿＿＿

＿＿＿＿＿＿＿＿＿＿＿＿＿＿＿＿＿＿＿＿＿＿＿＿＿＿＿＿＿＿＿＿＿

⭐ 當這項工程完工後，你覺得會對附近社區或學校有什麼改變或影響？

＿＿＿＿＿＿＿＿＿＿＿＿＿＿＿＿＿＿＿＿＿＿＿＿＿＿＿＿＿＿＿＿＿

＿＿＿＿＿＿＿＿＿＿＿＿＿＿＿＿＿＿＿＿＿＿＿＿＿＿＿＿＿＿＿＿＿

⭐當工程人員在施工鑽鑿時遇到大量湧水，是因為他們鑽孔穿透 不透水層 ，使下方存有受壓地下水噴湧出來。

⭐ 315360000 瓶。1 年 =365(天)×24(小時)×60(分)=525600(分)

525600(分)×6000(升)=315360000(升)=315360000(瓶)

⭐火災發生在追追的後面，所以追追是位於火災的下游的用路人。

追追應該要開車快速往出口方向離開。

⭐用溼布或衣袖掩住口鼻、壓低身體逃跑

解答